Sahil Mehta
Meet Pansuria
Yogesh Alwani

Distribuição de viagens de veículos comerciais - um estudo de caso para a cidade de Rajkot

Sahil Mehta
Meet Pansuria
Yogesh Alwani

Distribuição de viagens de veículos comerciais - um estudo de caso para a cidade de Rajkot

ScienciaScripts

ÍNDICE DE CONTEÚDO

RECONHECIMENTO

Ravindra Solanki, professor do Departamento de Engenharia de Transportes, e ao **Prof. Yogesh Alwani, do** Departamento de Engenharia de Transportes, da Faculdade de Engenharia de Marwadi, Rajkot, pelo seu apoio extremamente construtivo, encorajamento constante, orientação e desafio dos meus esforços na direção certa, sem os quais esta tese não teria atingido a forma atual.

Expresso os meus sinceros e sentidos agradecimentos a **TARAK P. VORA,** Diretor do Departamento de Engenharia Civil da Faculdade de Engenharia de Marwadi, pelo seu incentivo durante o estudo.

Expresso a minha sincera gratidão à **Faculdade de Engenharia de Marwadi** por me permitir utilizar as instalações do departamento sempre que necessário. Expresso os meus sinceros agradecimentos a todos os membros do corpo docente do departamento de mecânica aplicada.

Gostaria de agradecer à **INDIAN OIL CORPORATION LIMITED** que forneceu os dados necessários para o trabalho experimental. Gostaria também de agradecer às **OUTRAS EMPRESAS DE TRANSPORTES** que forneceram os dados necessários para o trabalho experimental.

Gostaria também de agradecer aos meus **colegas de turma** que me encorajam e me ajudam no meu trabalho de resolução de problemas, e aos **amigos** que, direta ou indiretamente, me deram um apoio inabalável ao longo deste trabalho de dissertação.

Acima de tudo, gostaria de agradecer aos meus **pais** por me terem permitido realizar o meu próprio potencial. Todo o apoio que me deram ao longo dos anos foi a melhor prenda que alguém alguma vez me deu.

RESUMO

O planeamento dos transportes urbanos é um processo que consiste na geração de viagens, distribuição de viagens, escolha do modo de transporte e atribuição de rotas. A geração de viagens é a primeira fase do processo de previsão dos transportes em quatro etapas. A distribuição de viagens é derivada dos dados de geração de viagens. A distribuição de viagens é a segunda fase do modelo tradicional de previsão de transportes em quatro etapas. No passado, foram adoptados ou utilizados diferentes métodos na recolha de dados de distribuição de viagens. Neste projeto, foram adoptados diferentes tipos de inquéritos sobre veículos comerciais para a distribuição de viagens na cidade de Rajkot. A razão por detrás da escolha da cidade de Rajkot deve-se ao facto de se situar na 22ª cidade com crescimento mais rápido do mundo e na 28ª aglomeração urbana da Índia.

Capítulo 1. Introdução

Introdução

1.1 Geral:

Os transportes ocupam um lugar de destaque na vida moderna. O progresso em todas as esferas da vida tem sido, em grande medida, influenciado pelos transportes. O planeamento dos transportes é uma ciência que procura estudar os problemas que surgem no fornecimento de meios de transporte num contexto urbano, regional ou nacional e preparar uma base sistemática para o planeamento desses meios. No entanto, os princípios do planeamento dos transportes urbanos podem ser igualmente aplicados ao planeamento dos transportes regionais ou nacionais, com as devidas alterações sempre que necessário.

Embora os veículos a motor tenham revolucionado a nossa vida e proporcionado conforto, prazer e comodidade, criaram problemas de congestionamento, falta de segurança e degeneração do ambiente. A situação já se tornou incontrolável em muitas cidades. Compreender a natureza destes problemas e formular propostas para a circulação segura e eficiente de bens e pessoas de um lugar para outro é o tema do planeamento dos transportes.

Existem quatro fases diferentes do modelo de planeamento dos transportes:

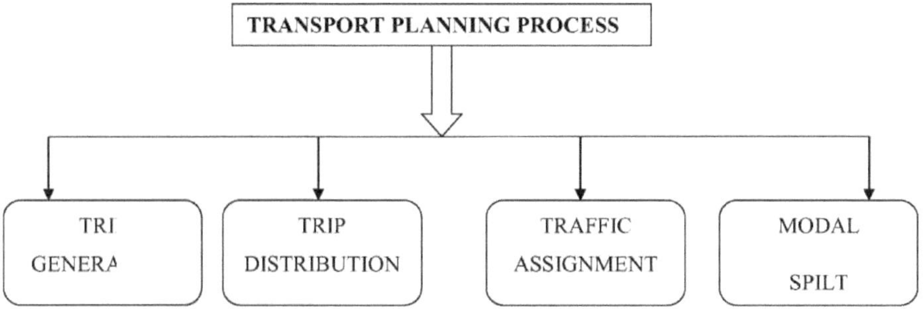

Figura.1.1 Fluxograma do processo de planeamento dos transportes

1.2 Definição:

> Geração de viagens:

A primeira fase do processo de planeamento dos transportes diz respeito a inquéritos, recolha de dados e inventário. A fase seguinte é a análise dos dados assim recolhidos e a construção de modelos para descrever a relação matemática que pode ser discernida no comportamento das viagens.

Geração de viagens é um termo geral utilizado no processo de planeamento dos transportes para abranger o campo do cálculo do número de viagens numa determinada área.

> Distribuição de viagens :

Após ter obtido uma estimativa das viagens geradas e atraídas pelas várias zonas, é necessário determinar a direção das viagens. O número de viagens geradas em cada zona da área em estudo deve ser distribuído pelas várias zonas para as quais essas viagens são atraídas.

> Atribuição de tráfego:

A atribuição de tráfego é a fase do processo de planeamento dos transportes em que os intercâmbios de viagens são atribuídos a diferentes partes da rede que formam o sistema de transportes.

Nesta fase,

(1) O itinerário a percorrer é determinado e

(2) Os fluxos inter-zonais são atribuídos às rotas selecionadas.

> Divisão modal:

A repartição modal é o processo de separar as viagens pessoais pelo modo de deslocação, sendo normalmente expressa como uma fração, rácio ou percentagem do número total de viagens. Em geral, a repartição modal refere-se às viagens efectuadas por automóvel particular em oposição ao transporte público (rodoviário ou ferroviário).

> Área de estudo :

Em primeiro lugar, define-se a área para a qual as instalações de transporte estão a ser planeadas, conhecida como área de estudo.

1.3 Necessidade de estudo:

Devido ao crescimento constante da industrialização, tem havido um aumento acentuado do tráfego nas auto-estradas e nos distritos comerciais centrais de Rajkot. O atual governo está a tentar criar terminais de camiões em Rajkot há algum tempo para resolver uma série de problemas cada vez maiores, especialmente nos distritos comerciais centrais e ao longo das principais auto-estradas. O objetivo é reduzir o congestionamento, a poluição, os danos nas estradas e os acidentes nas estradas da cidade e nas auto-estradas. Este estudo de caso explorará os modelos possíveis para determinar as capacidades desses terminais e responder às diferentes necessidades.

1.4 Metodologia:

O inquérito foi efectuado durante o período letivo e não foi necessário durante todo o dia, dependendo da iluminação adequada e das condições meteorológicas e de segurança. Uma revisão detalhada da literatura foi também uma abordagem importante para a recolha de dados para este relatório. Existem vários métodos disponíveis para a recolha de dados. Tais como,

(1) Método Mailout-Mailback

(2) Método de entrevista na estrada

(3) Método combinado de envio telefónico e de retorno por correio eletrónico

(4) Método de entrevista telefónica

Entre estes métodos, **o método de entrevista à beira da estrada** foi escolhido para o inquérito. A recolha de dados incluiu o perfil da empresa, informações sobre a origem e o destino das viagens, o número de viagens geradas entre O&D. O local do inquérito é a RUDA (Área de Transportes Urbanos de Rajkot) e a IOC (Indian Oil Corporation Ltd.).

1.5 Objetivo do estudo:

> Identificar o problema e apresentar soluções razoáveis e viáveis para melhorar o problema do estacionamento, o congestionamento do tráfego, etc.

> Propor um terminal de camiões para a cidade de Rajkot, a fim de superar o congestionamento do tráfego.

1.6 Objectivos do estudo:

> O estudo tinha por objetivo gerar dados e informações sobre a geração e distribuição de viagens de veículos comerciais.

Propor um terminal de camiões onde seja possível estacionar, carregar e descarregar camiões, etc., na cidade de Rajkot.

CAPÍTULO 2. REVISÃO DA LITERATURA

REVISÃO DA LITERATURA

REVISÃO DA LITERATURA

As várias literaturas relacionadas com a engenharia de transportes são referidas no quadro 2.1.

Sr. Não	Título do trabalho	Autor	Ano	Contribuição importante
1	Reestruturação da infraestrutura dos terminais de camiões no Karnataka	**Docente Colaborador:** S.Nayana Tara, Professor **Colaboradores dos estudantes :** Mitranjan Bhaduri, Nithin Chandra G.S., Nishant Kumar Ojha e Debashish Sadangi	2010	Neste artigo, foram identificadas localizações que serão bem servidas por um novo terminal de camiões. Foi também proposto um modelo baseado na teoria das filas de espera para determinar as capacidades dos terminais de camiões. Espera-se que, no futuro, estes terminais resolvam os problemas relacionados com o tráfego em Karnataka. No entanto, o sucesso destes terminais depende criticamente das políticas e incentivos governamentais.
2	Relatório de síntese 384 do NCHRP	Kuzmyak	2008	Para o método de geração de viagens, são necessários o tipo de veículo, a origem e o destino e a natureza das paragens.
3	Métodos de recolha de dados sobre viagens de camião (SPR 343)	Jessup, Casavant e Lawson	2004	Identificou os dados relacionados com a aplicação, os custos, as vantagens e as desvantagens de quatro métodos de inquérito.
4	Análise estratégica do transporte de mercadorias (SFTA)	Casavant e Jessup	primavera, 2003	Esta tarefa permitiu uma análise muito pormenorizada e precisa entre quaisquer atributos dos dados do inquérito e qualquer coisa que tenha uma propriedade geográfica.
5	Dados sobre a geração de viagens de camião : Uma	Fischer, Michael J. e Han Myong	2001	Apresenta uma análise muito recente e completa dos estudos

	síntese da prática rodoviária Síntese 298 do NCHRP			de geração de viagens de camiões em toda a UE.
6	Inquéritos sobre viagens de camiões: uma revisão da literatura e o estado da arte	Samuel W. Lau /	janeiro de 1995	Encomendado para ajudar a avaliar a necessidade de ferramentas de planeamento e previsão de camiões e para relatar os diferentes inquéritos experiências dos OPM.

Quadro 2.1 Revisão da literatura

2.1 Revisão crítica da literatura

2.1.1 S.Nayana Tara (Proffesor), Mitranjan Bhaduri, Nithin Chandra G.S., Nishant Kimar Ojha e Debashish Sadangi(2010) "RESTRUCTURING THE TRUCK TERMINAL INFRASTRUCTURE IN KARNATAKA"

De acordo com o padrão das auto-estradas e, por conseguinte, das zonas comerciais centrais, os objectivos dos terminais e os seus modelos devem ser diferentes para as auto-estradas e para as zonas comerciais movimentadas. A maior parte dos problemas das auto-estradas (acidentes, congestionamento) constituiriam os objectivos de trânsito, enquanto os problemas das zonas comerciais centrais constituiriam os objectivos de origem/destino (O/D). Assim, os terminais O/D abordarão os problemas de congestionamento, qualidade das estradas, ruído/poluição atmosférica e acidentes nas zonas comerciais movimentadas e à sua volta.

A principal razão para a subutilização dos terminais de camiões é o facto de serem considerados como instalações para estacionamento ocioso. É necessário introduzir incentivos para que os camionistas e, por conseguinte, os operadores de transportes (OT) utilizem os terminais de camiões, pelo que cada tipo de terminal deve oferecer comodidades sociais básicas, como casas de repouso, instalações de comunicação, alimentação, alojamento, etc. Os terminais de camiões devem transformar-se em zonas centralizadas a partir das quais os OTs possam trabalhar. Os terminais, em particular a seleção O/D, devem ter instalações como operações de carga e descarga seguras e adequadas, pontes de pesagem, armazéns e lojas de componentes automóveis. Para garantir que os terminais não se tornem obsoletos com a evolução das zonas comerciais e o aumento da população, é necessário um horizonte temporal mínimo de vinte anos para todos os planos e desenvolvimentos. Por isso, recomendamos dois modelos para os terminais de camiões, nomeadamente os modelos Origem/Destino e Trânsito.

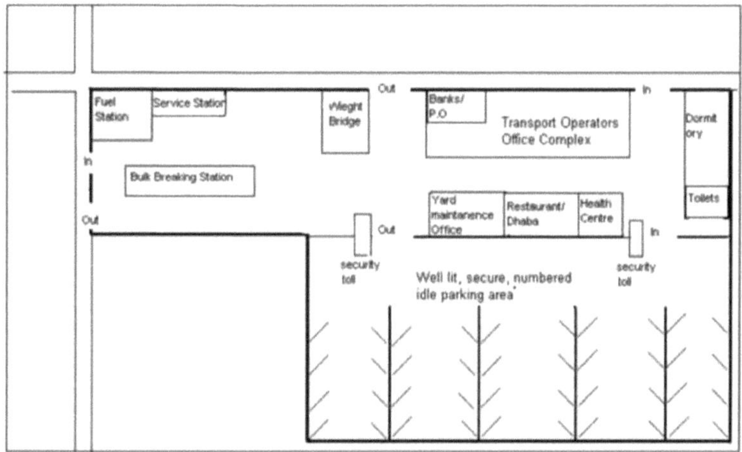

Figura 2.1 O/D
Modelo

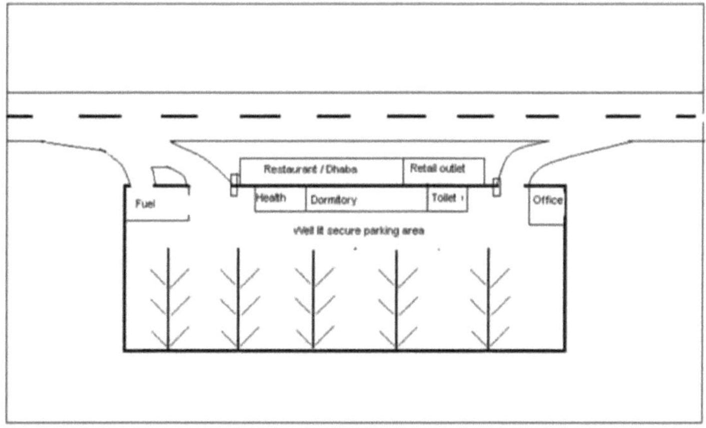

Figura 2.2 Modelo de terminal de trânsito

A conclusão é que, neste artigo, são conhecidos vários locais que podem ser bem servidos por um terminal de camiões de substituição. Além disso, foi projetado um modelo apoiado na teoria das filas de espera para calcular as capacidades dos terminais de camiões. No futuro, espera-se que estes terminais resolvam os problemas relacionados com o tráfego no Estado. No entanto, o sucesso destes terminais está criticamente ligado às políticas e incentivos governamentais.

2.1.2 Kuzmyak (2011)

"Relatório de Síntese 384 do NCHRP"

O Relatório de Síntese 384 do NCHRP resumiu os inúmeros desafios da previsão e modelação do transporte de mercadorias (Kuzmyak 2008). Algumas dificuldades necessárias para fornecer taxas de geração de viagens de camiões estão relacionadas com o próprio facto de os movimentos de camiões "serem influenciados por múltiplos 'agentes' de tomada de decisão". Kuzmyak observou variações nos tipos de camiões; além disso, a distribuição, as tipologias e a ligação direta e irresolúvel com as actividades económicas produzem exigências variadas para o movimento de diferentes mercadorias. Além disso, tendo em conta os factores estrondosos associados aos movimentos de viagens de camiões que são totalmente diferentes dos dos movimentos de veículos de passageiros, as estratégias para taxas decisivas de geração de viagens de camiões não podem simplesmente replicar as estratégias de geração de viagens de veículos de passageiros. O transporte de mercadorias envolve necessariamente conhecimentos como "o tipo de veículo, a origem e o destino, e a natureza das paragens" (Kuzmyak 2008, 8). Os conhecimentos dos planeadores de transportes sobre os movimentos de mercadorias, o sistema de transportes e, por conseguinte, as complexidades e nuances que influenciam os movimentos de mercadorias continuam a ser limitados. A escassez de financiamento para agrupar os conhecimentos sobre mercadorias continua a limitar o leque de conhecimentos significativos e utilizáveis sobre mercadorias para a geração de viagens de camiões.

2.1.3 Jessup, Casavant e Lawson (2004)

Métodos de recolha de dados sobre viagens de camião (SPR 343)

Em "Truck Trip information assortment ways (SPR 343)," Jessup, Casavant e Lawson (2004) traçaram o perfil de quatro técnicas de implementação de inquéritos sobre diários de viagem. Analisaram os primeiros estudos de viagens de camiões urbanos em sete cidades: Chicago, Illinois; Phoenix, Arizona; Nova Iorque e Nova Jersey; El Paso, Houston e Galveston, Texas; Ontário, Canadá; e Alameda County-San Francisco, Califórnia. Jessup et al. também conheceram as aplicações de informações conexas, os custos, as vantagens e os inconvenientes de quatro métodos de inquérito: a entrevista telefónica, o inquérito por correio eletrónico, o inquérito combinado por telefone e por correio eletrónico e a interceção na estrada/entrevista pessoal. O seu trabalho concluiu que a técnica de recolha de informações mais comum tem sido os inquéritos por correio aos carregadores e proprietários de camiões. Os inquéritos por correio são simples de aplicar, não perturbam o fluxo de tráfego nas estradas, são pouco dispendiosos e requerem pouco pessoal para serem aplicados. Como desvantagem, os inquéritos por correio tendem a ter baixas taxas de resposta, pouco espaço de cobertura e incapacidade de esclarecer as dúvidas dos inquiridos. Em comparação, os inquéritos telefónicos são capazes de obter taxas de resposta ligeiramente mais elevadas, mas colocam o desafio de distinguir e alcançar os inquiridos mais relevantes. A técnica combinada de inquérito telefónico e por correio produz, em conjunto, taxas de resposta mais elevadas do que os inquéritos apenas por correio. No entanto, esta técnica é adicionalmente limitada devido ao facto de vários veículos regressarem de fora da região geográfica durante a qual os registos podem ser obtidos. Os trabalhos de Fischer e Han (2001) e Jessup et al. (2004) sugerem a importância de recorrer a múltiplas formas de recolha de informação para reforçar a validade dos dados. Além disso, as vantagens e desvantagens das diferentes necessidades de implementação de cada abordagem de inquérito devem ser ponderadas em relação à utilização específica dos dados.

2.1.4   Casavant e Jessup (primavera de 2003)

Análise estratégica do transporte de mercadorias (SFTA)

O SFTA foi patrocinado pelo Departamento de Transportes do Estado de Washington (WSDOT), sendo este o estudo e a metodologia mais actuais analisados para este relatório, concluído na primavera de 2003 (Casavant e Jessup 2002).

A Análise Estratégica dos Transportes de Mercadorias segue e baseia-se numa investigação anterior sobre transportes de mercadorias, designada por Estudo de Transportes Intermodais de Washington Japonês (EWJTS), que realizou um vasto inquérito sobre camiões de mercadorias com origem e destino, que recolheu informações valiosas sobre mercadorias através de entrevistas pessoais diretas a camionistas em 1993-94 (Gillis e Casavant 1994). No total, foram entrevistados 28 000 condutores de camiões, o que proporcionou a Washington uma informação intensiva sobre os movimentos gerais de mercadorias e mercadorias

O formulário procurava obter informações sobre a origem, o destino, a mercadoria, as matérias perigosas, o peso da carga, o peso em vazio, o proprietário do camião, a variedade das instalações de destino e o tipo de instalações de origem, o itinerário específico e as caraterísticas alternativas. Foram utilizados mapas para identificar com exatidão.

A atribuição da informação de origem-destino dos camiões a coordenadas geográficas permitiu uma análise muito cuidadosa e correta entre qualquer atributo da informação do inquérito (configuração do camião, mercadoria, peso, base de operação, tipo de instalação, etc.) e algo que contém uma propriedade geográfica (estrada, terreno, pessoas, informação socioeconómica, etc.)

2.1.5   Fischer, Michael J. e Han Myong: (2001)

Dados sobre a geração de viagens de camiões: Uma síntese da prática rodoviária Síntese 298 do NCHRP

A American Association of Highway and Transportation Officials (AASHTO), através do National Cooperative Highway Research Program (NCHRP), encomendou uma série de relatórios de síntese para recolher informações úteis sobre transportes neste estado de observação em várias áreas de interesse. Um destes relatórios - o Relatório 298 do NCHRP, intitulado "Truck Trip Generation Data:

A Synthesis of route Practice" - centra-se na crescente necessidade de ferramentas analíticas para planeadores de auto-estradas e engenheiros de tráfego, associadas a informações sobre viagens de camiões (Fischer, et al. 2001). Esta secção resume os aspectos deste relatório, uma vez que fornece uma revisão recente e exaustiva dos estudos sobre a geração de viagens de camiões nos EUA, uma revisão dos estudos e técnicas acessíveis para a recolha de informações e, por conseguinte, o estado atual do processo. A última parte é derivada de um inquérito a profissionais, bem como a DOTs e agências estatais, MPOs e agências regionais de transportes, autoridades portuárias, consultores, investigadores na área da educação e profissionais de transportes:

- Utilização do solo

- Tamanho do camião

- Movimento de mercadorias versus movimento de não mercadorias

- Taxas de produção/atração

- Hora do dia

- Viagens ligadas versus viagens "com base na garagem

- Tipo de atividade

Cada um desses estudos desenvolveu modelos de geração de viagens de camiões para áreas urbanas/metrópole, utilizando uma série de dados de fluxo de mercadorias e procedimentos para transformar a tonelagem de mercadorias em visitas de camiões e atribuir essas visitas a zonas totalmente diferentes. A comparação de várias técnicas de modelação não é o principal objetivo deste estudo. No entanto, os atributos de informação, as fontes e as estratégias utilizadas são informações úteis para decidir sobre as metodologias de recolha de informações sobre viagens de camiões

2.1.6 Samuel W. Lau (janeiro, 1995)

Inquéritos sobre viagens de camião: Uma revisão da literatura e o estado da arte

Neste trabalho, havia geralmente 3 tipos de metodologias de coleta de informações utilizadas nesses primeiros estudos, com entrevistas na estrada e também a abordagem combinada de retorno de e-mail por telefone sendo a mais comum, seguida por pesquisas de retorno de e-mail e pesquisas por telefone. As taxas de resposta para cada uma dessas abordagens variaram amplamente; o inquérito por correio eletrónico teve a taxa de resposta mais baixa e também o inquérito à beira da estrada e também as abordagens combinadas de envio de correio eletrónico por telefone tiveram taxas de resposta mais altas. A maioria dos inquéritos por correio ou por telefone utilizou o ficheiro de registo do departamento estatal de veículos motorizados para escolher uma amostra aleatória de proprietários de veículos comerciais a inquirir. As entrevistas na estrada foram geralmente realizadas em estações de pesagem acessíveis em auto-estradas e vias rápidas interestaduais, ou em portagens e pontes

Existem vantagens e inconvenientes em cada uma das formas de recolha de informação. A entrevista telefónica melhorará as taxas de resposta, mas pode ser difícil de implementar devido à acessibilidade restrita dos inquiridos por telefone e também à limitação de telefonar durante o horário normal de expediente. Os inquéritos por correio eletrónico são provavelmente os menos dispendiosos de implementar, mas também oferecem uma taxa de resposta muito baixa e podem levar a respostas tendenciosas, uma vez que há uma gestão limitada sobre quem realmente preenche o inquérito e as suas informações sobre viagens individuais de camião. As entrevistas na estrada têm taxas de resposta terrivelmente elevadas, um controlo de amostragem inteligente e dados realmente completos, mas são apenas representativas do tráfego que passa pelos locais de entrevista, e podem também ser difíceis de implementar devido à perturbação do tráfego, particularmente em áreas urbanas.

As formas mais comuns de dados recolhidos em todas as abordagens de recolha de dados foram a origem-destino, o tipo de camião, o número de eixos, a leitura do contador, a classe de mercadorias comerciais e a utilização do solo, conforme descrito no documento. Apenas um estudo recolheu informações sobre rotas, e uma informação e quatro dos oito estudos utilizaram os dados para o desenvolvimento de modelos de viagens de camiões.

CAPÍTULO 3. Perfil da área de estudo

PERFIL DA ZONA DE ESTUDO

3.1 História da área de estudo:

Rajkot é a quarta maior cidade do estado de Gujarat, na Índia, depois de Ahmadabad, Surat e Vadodara. Rajkot é o centro da região de Saurashtra de Gujarat. Rajkot é a 35ª maior aglomeração urbana do país asiático, com uma população superior a 1,2 milhões de habitantes em 2015. Rajkot é a sétima cidade mais limpa da Índia. Rajkot é, além disso, a 147ª cidade com o crescimento mais rápido do mundo. A cidade contém a sede executiva do distrito de Rajkot, a 245 quilómetros da capital Gandhinagar, e encontra-se nas margens dos rios Aji e Nyari. Rajkot foi a capital do Estado de Saurashtra de 15 de abril de 1948 a 31 de outubro de 1956, antes da sua fusão com o Estado de Bombaim em 1 de novembro de 1956. Rajkot foi reincorporada no Estado de Gujarat a partir de 1 de maio de 1960.

Rajkot tem estado sob governantes totalmente diferentes desde a sua fundação. Rajkot tem uma longa história e teve um papel importante no movimento de independência da Índia. Rajkot foi o lar de várias personalidades como Mohandas Karamchand Gandhi. Rajkot encontra-se num período de transição de crescentes actividades culturais, industriais e económicas. Rajkot é a 26ª maior cidade da Índia e, por conseguinte, a 122ª região geográfica de crescimento mais rápido do globo.

Rajkot foi a capital do então Estado de Saurashtra de 15 de abril de 1948 a 31 de outubro de 1956, antes de se fundir com o Estado bilingue de Bombaim em 1 de novembro de 1956. Rajkot foi unificada no Estado de Gujarat a partir do Estado bilingue de Bombaim em 1 de maio de 1960. Thakur Saheb Pradyumansinhji morreu em 1973. Sucedeu-lhe o seu filho, Manoharsinhji Pradyumansinhji, que desenvolveu uma carreira política a nível provincial. Foi membro da assembleia geral de Gujarat durante muitos anos e Ministro da Saúde e das Finanças do Estado. O filho de Monoharsinhji, Mandattasinh Jadeja, iniciou uma carreira empresarial.

Em 26 de janeiro de 2001, um terramoto devastador centrado perto de Bhuj, com uma medição de 6,9 na tabela graduada, afectou a cidade.

3.2 História dos transportes na zona de estudo:

A vasta rede de transportes de Rajkot serve consideravelmente a movimentada cidade. Rajkot está ligada a todas ou a todas as grandes cidades da Índia por vias rodoviárias, ferroviárias e aéreas. Sendo uma cidade muito importante, Rajkot é atravessada por várias rotas que a ligam ao resto do país. Sendo um centro de negócios de Gujarat, Rajkot é frequentada diariamente por uma grande variedade de pessoas e os transportes de Rajkot servem-nas principalmente.

Para além das auto-estradas nacionais e das auto-estradas estatais, uma rede intensiva de estradas une todos os habitantes de Rajkot a destinos interestaduais e muito mais além. Autocarros regulares, carros, camiões e meios de transporte alternativos circulam por estas estradas bem conservadas para se ligarem a diferentes regiões. Os passageiros podem até alugar táxis como meio de transporte em Rajkot.

Rajkot é também servida por várias companhias aéreas que ligam a cidade comercialmente necessária do centro urbano e o porto de Kandla. Os voos frequentes são fiáveis e utilizados sobretudo por quem viaja em negócios.

3.3 Detalhes geográficos:

Rajkot situa-se a 22,3°N 70,78°E. A altitude média é de 128 metros (420 pés). A cidade encontra-se na margem do ribeiro Ajistream e Nyari, que permanece seco exceto nos meses de monção de julho a setembro. A cidade está distribuída num espaço de 170,00 km^2 . Rajkot está situada na região conhecida como Saurashtra, no estado de Gujarat, na Índia. A importância da localização de Rajkot deve-se ao facto de ser um dos principais centros industriais de Gujarat. Rajkot tem uma localização central na zona conhecida como a terra de Kathiawar. A cidade situa-se no distrito de Rajkot, em Gujarat. A cidade de Rajkot é a sede administrativa do distrito de Rajkot. O distrito é rodeado por Bhavnagar e Surendranagar a leste, Junagadh e Amreli a sul, Morbi a norte e Jamnagar a oeste.

3.4 Clima:

Rajkot tem um clima semi-árido, com Verões quentes e secos de meados de março a meados de junho e também a estação das monções húmidas de meados de junho a outubro, quando a cidade recebe em média 590 milímetros de chuva. Os meses de novembro a fevereiro são amenos, a temperatura média ronda os 20 °C, com pouca humidade.

Um dos fenómenos meteorológicos mais importantes relacionados com a cidade de Rajkot é o "ciclone". Os ciclones ocorrem normalmente no Mar Arábico durante os meses da estação das chuvas. A região regista muita chuva e ventos de alta velocidade durante a época do ano após a estação das monções, bem como nos meses de maio e junho. No entanto, o mês de junho regista uma menor quantidade de chuva e ventos do que a época pós-monção. As trovoadas são outra parte necessária do clima de Rajkot nos meses de junho e julho. Durante o verão, a temperatura varia entre 24 °C e 42 °C. Nos meses de inverno, a temperatura em Rajkot varia entre 10 °C e 22 °C, mas em geral os Invernos são agradáveis.

3.5 Caraterísticas demográficas:

A s do censo de 2011 da Índia, Rajkot registou uma população total de 1 390 640 habitantes. A cidade de Rajkot tem uma taxa média de qualificação de 82,20%, mais do que a média nacional. A população é constituída por 52,43% de homens e 47,47% de mulheres. A maioria da população é hindu, com uma minoria muçulmana.

3.6 Importante para a indústria:

Rajkot é lendária pelo seu mercado de jóias, bordados de seda e componentes para relógios. A cidade acolhe muitas indústrias de produção em pequena escala, alguns dos produtos comerciais em que Rajkot se baseia incluem rolamentos, motores a diesel, facas de cozinha e diferentes aparelhos de corte, componentes para relógios (caixas e pulseiras), componentes para automóveis, empresas de formação, empresas de fundição, máquinas-ferramentas, mercado de acções e desenvolvimento de sistemas de software. A cidade alberga ainda alguns dos maiores fabricantes de máquinas CNC e componentes para automóveis do país, como a Jyoti CNC Automation Ltd. e a Manpower CNC Machines Pvt. Ltd. e a Atul automotive vehicle Ltd.

Rajkot é aceite em todo o mundo pelas suas indústrias de fundição e moldagem.] Ao longo dos últimos anos, começou a desempenhar um papel cada vez mais necessário nas cadeias de fornecimento avançadas das muitas empresas de engenharia internacionais que constroem produtos como motores eléctricos, veículos, máquinas-ferramentas, rolamentos, veios, etc.

Existem cerca de 500 unidades fabris em Rajkot. O agrupamento foi criado principalmente para satisfazer as necessidades de fundição do comércio de motores diesel nativo. A extensão geográfica do aglomerado inclui as zonas de Aji Vasahat, Gondal Road, Bhavanagar Road, Shapar, Veraval e Metoda. A maior parte das unidades fabris em Rajkot fabrica peças fundidas de ferro cinzento para o mercado interno, uma proporção terrivelmente pequena (cerca de 2%) das unidades fabris exporta peças fundidas, como peças fundidas para motores eléctricos, peças fundidas para automóveis, etc. Existem algumas empresas importantes de fabrico de engrenagens em Rajkot, como a Mahindra Gears, a Synnova Gears and Transmission Pvt. Ltd. etc. Rajkot é também popular pela sua pureza de ouro e tem um dos maiores mercados de ouro da Índia.

Além disso, Rajkot está a crescer em termos de indústrias de sistemas de software. Existem várias empresas SOHO que operam no domínio do desenvolvimento Web, juntamente com vários novos centros de atendimento internacionais e empresas de sistemas de software que estão a instalar as suas operações e centros de desenvolvimento em Rajkot.

A cidade irmã de Rajkot, Morbi, é, além disso, um centro de produção de cerâmica, relógios de parede e acessórios eléctricos. A cidade pode albergar grandes indústrias como a Ajanta Clock, o grupo ORPAT, o grupo Samay, a Sonera Industries, a Rickon Quartz, etc.

Num futuro próximo, o governo de Gujarat irá atribuir grandes áreas de terreno para o evento da Zona Económica Especial, que pode ser composta por 3 áreas completamente diferentes e pode incluir indústrias como sistemas de software, automóveis, etc. De acordo com análises de mercado recentes, Rajkot está a tornar-se na maior zona de automóveis da Ásia. Rajkot é também conhecida pelas suas unidades de impressão têxtil que produzem e imprimem sarees de seda e fatos de algodão.

Além disso, Rajkot é a sede de alguns dos principais fabricantes de snacks da Índia, como a Balaji Wafers Pvt Ltd, a Gopal Snacks Pvt Ltd e de um dos principais corretores de acções da Índia, a Marwadi Shares & Finance Ltd.

State	Gujarat
City	Rajkot
District	Rajkot
Total Population	9, 66,642
Total Male	5, 06,915
Total Female	4, 59,727
Total Population (0-6 Age Group)	1, 13,590
Total Male (0-6 Age Group)	62,441
Total Female (0-6 Age Group)	51,149
Total Literates	9, 66,642
Total Male Literates	5, 06,915
Total Female Literates	4, 59,727

CAPÍTULO 4: Recolha de dados

RECOLHA DE DADOS

4.1 Geral:

A recolha de dados no âmbito de um inquérito sobre transportes deve ser efectuada com o maior cuidado, uma vez que constitui a base da análise a efetuar posteriormente. Existem várias formas de recolha de dados. A contagem manual é barata, mas a mão de obra necessária é maior e também pode haver erros manuais na contagem. Também se utilizam alguns dispositivos automáticos para a recolha de dados e existem sensores que funcionam com base em princípios diferentes, mas são dispendiosos e facilmente não estão disponíveis. Assim, o método adotado para a recolha de dados é semelhante ao método de entrevista na estrada. Os inquéritos de tráfego são efectuados para recolher dados para análise. São úteis para decidir as caraterísticas do desenho geométrico e o controlo do tráfego para uma circulação segura e eficiente.

4.2 Estado do sítio:

1) As ligações selecionadas são rectas e niveladas, com uma distância de visibilidade clara.

2) As ligações pertencem à categoria das estradas urbanas.

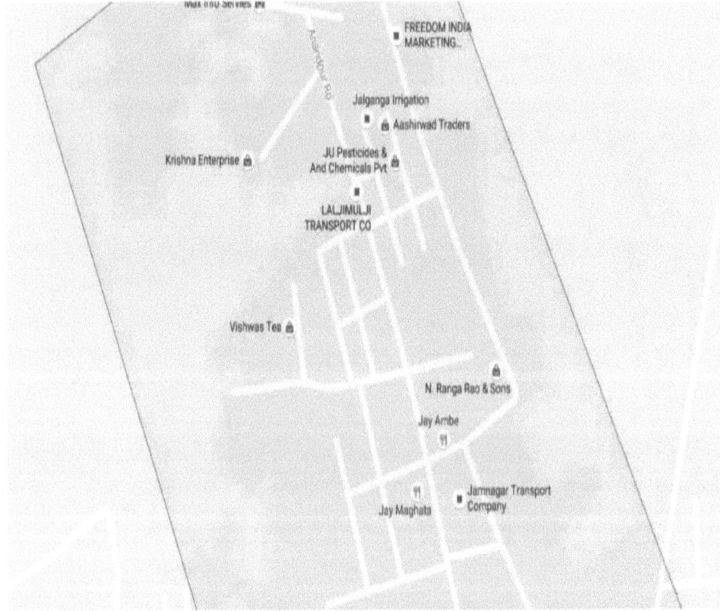

Figura 4.1 Área selecionada para o estudo (Fonte: Google Maps)

4.3 Nome do sítio:

RUDA (Área de Desenvolvimento Urbano de Rajkot) nagar de transportes

Os nomes das empresas de transporte que visitámos são os seguintes

1. V-Trans

2. V-Express

3. Transportes de Jamnagar

4. Lalji Mulji Transport co.

5. Transporte Gati

6. IOC (Indian Oil Corporation)

7. VRL Logistics limitada

8. Logística Himalaya

VRL Logistics Ltd.

Estabelecido em: 1976 em Gadag

Sede social: Hubbali, Ahmadabad

Camiões no terreno: 3546

O maior proprietário de frotas de veículos comerciais na Índia.

Figura 4.2 Armazém da VRL Logistics Ltd.

Sr.No.	Nome da cidade	N.º de camiões (entrada) (Semanal)	N.º de camiões (saída) (Semanal)
1	Ahmadabad	20	30
2	Bangalore	3	15
3	Hyderabad	1	1
4	Kerala	15	14

Quadro 4.1 Dados recolhidos da VRL Logistics Ltd.

> Lalji Mulji Transport Co.

Estabelecido em: 1965

Sede social: Bombaim, Ahmadabad

Camiões no terreno: 350

Conhecido como "Rei de Gujarat" e com mais de 180 sucursais na Índia.

Sr.No.	Nome do Estado	N.º de camiões (entrada) (Semanal)	N.º de camiões (saída) (Semanal)
1	Gujarat (Ahm. Baroda, Surat, etc.)	24	28
2	Maharashtra	65	34
3	Karnataka	22	22
4	Deli do Norte	100	43

Quadro 4.2 Dados recolhidos da Lalji Mulji Transport Ltd.

> Serviço de transporte de Jamnagar :

Estabelecido em: 1992

Sede social: Ahmadabad

Camiões no terreno: 150

Mais de 55 sucursais em Gujarat

Sr.No.	Nome da cidade	N.º de camiões (entrada) (Semanal)	N.º de camiões (saída) (Semanal)
1	Ahmadabad	60	42
2	Baroda	3	5

3	Surat	14	21
4	Jamnagar	7	14
5	Ankleshwar	7	7
6	Nadiad	7	7
7	Vapi	0	2

Quadro 4.2 Dados recolhidos do serviço de transportes de Jamnagar.

Figura 4.3 Armazém do Serviço de Transportes de Jamnagar.

> Indian Oil Corporation :

ORIGEM	DESTINO	DESTINO ESPECÍFICO	Nº TOTAL DE VIAGENS			DURAÇÃO DA VIAGEM (EM KM.)
MATRIZ DE DISTRIBUIÇÃO DE VIAGENS						
DISTRIBUIÇÃO DE VIAGENS DA IOC.						
			01/06/2016	01/07/2016	01/08/2016	
RAJKOT	KUTCH	ADIPUR	121	125	145	193
RAJKOT	KUTCH	ANJAR	212	213	236	228
RAJKOT	KUTCH	BHUJ(OML)-ASC	0	0	0	278
RAJKOT	KUTCH	BHUJ(OML)	176	171	214	278

RAJKOT	KUTCH	DESHALPUR	10	13	20	262
RAJKOT	KUTCH	GANDHIDHAM	206	188	244	189
RAJKOT	KUTCH	KANDLA	0	0	0	224
RAJKOT	KUTCH	MANDVI KUTCHH	112	122	127	338
RAJKOT	KUTCH	KHEDOI	4	5	6	212
RAJKOT	KUTCH	NALIYA	7	7	14	376
RAJKOT	KUTCH	PANANDHRO	11	11	15	411
RAJKOT	KUTCH	MADHAPAR	66	67	82	275
RAJKOT	KUTCH	PALANSAVA	5	1	4	190
RAJKOT	KUTCH	BHARAPAR	6	3	3	277
RAJKOT	KUTCH	KIDIYANAGAR	5	3	7	183
RAJKOT	KUTCH	KHERA	4	4	6	261
RAJKOT	AMRELI	AMBUJA NAGAR	0	1	13	253
RAJKOT	AMRELI	BAGASARA	67	74	81	149
RAJKOT	AMRELI	KUNKAVAV	39	33	44	131
RAJKOT	JUNAGADH	AJAB	2	2	3	156
RAJKOT	JUNAGADH	BANTWA	40	38	45	146
RAJKOT	JUNAGADH	KESHOD	115	111	135	147
RAJKOT	JUNAGADH	KUTIYANA	44	37	49	221
RAJKOT	JUNAGADH	MANAVADAR	56	55	63	148
RAJKOT	JUNAGADH	SUTRAPADA	46	43	50	267
RAJKOT	JUNAGADH	VADAL	2	3	5	100
RAJKOT	JUNAGADH	KOYLANA	1	2	2	150
RAJKOT	JUNAGADH	GIR GADHADA	35	33	37	250
RAJKOT	JUNAGADH	CHUDA	14	17	24	114
RAJKOT	JUNAGADH	MAHEVADI	3	2	6	111
RAJKOT	JAMNAGAR	CAMA	9	5	6	33
RAJKOT	JAMNAGAR	BHADTHAR	5	6	9	168
RAJKOT	JAMNAGAR	BHATIA	29	26	30	200
RAJKOT	JAMNAGAR	DWARKA	58	59	77	232
RAJKOT	JAMNAGAR	JAMJODHPUR	56	53	65	153
RAJKOT	JAMNAGAR	JAMNAGAR	728	737	905	93
RAJKOT	JAMNAGAR	KALYANUR	21	21	30	218
RAJKOT	JAMNAGAR	KHAMBALIA	100	108	131	148
RAJKOT	JAMNAGAR	LALPUR	0	0	0	128
RAJKOT	JAMNAGAR	MITHAPUR	67	76	82	252
RAJKOT	JAMNAGAR	SALAYA	37	36	49	161
RAJKOT	JAMNAGAR	SIKKA	31	26	31	129

RAJKOT	JAMNAGAR	SURAJ KARADI	0	0	0	243
RAJKOT	JAMNAGAR	KALAVAD	47	45	50	45
RAJKOT	JAMNAGAR	JAMNAGAR(OML)- ASC	0	0	0	93
RAJKOT	JAMNAGAR	JAMNAGAR(OML)	23	24	33	93
RAJKOT	JAMNAGAR	HARSHADPUR	0	0	0	141
RAJKOT	JUNAGARH	BIRLASAGAR	4	4	2	221
RAJKOT	JUNAGARH	JUNAGADH	340	325	400	112
RAJKOT	JUNAGARH	CHORWAD	41	39	47	173
RAJKOT	JUNAGARH	MANGROL	58	51	83	173
RAJKOT	JUNAGARH	PORBANDAR	238	227	272	213
RAJKOT	JUNAGARH	RANAVAV	43	43	42	196
RAJKOT	JUNAGARH	UNA	0	0	0	266
RAJKOT	JUNAGARH	VERAVAL	133	136	153	242
RAJKOT	SURENDRANAGAR	CHOTILA-KUMBHARA	71	74	91	95
RAJKOT	SURENDRANAGAR	CHUDA	6	0	0	100
RAJKOT	SURENDRANAGAR	THAN(THANGADH)	0	0	0	76
RAJKOT	RAJKOT	JETPUR	212	192	219	93
RAJKOT	SURENDRANAGAR	LIMBDI	0	3	2	114
RAJKOT	MORBI	MAKANSARA	0	2	2	60
RAJKOT	MORBI	JETPAR	9	12	5	100
RAJKOT	MORBI	KHANPAR	0	1	0	82
RAJKOT	MORBI	MALIYA MIYANA	0	2	2	109
RAJKOT	DUDHAI	DUDHAI	20	19	25	98
RAJKOT	PORBANDAR	BAGVADAR	42	28	41	231
RAJKOT	PORBANDAR	ODADAR	3	3	3	223
RAJKOT	DEVBHUMI DWARKA	RAVAL	4	7	5	235
RAJKOT	DEVBHUMI DWARKA	HARSHADPUR	0	0	2	150
RAJKOT	RAJKOT	BHAYAVADAR	53	53	59	123
RAJKOT	RAJKOT	BILKHA	39	44	56	125
RAJKOT	RAJKOT	DHORAJI	89	94	101	99
RAJKOT	RAJKOT	GONDAL	148	157	189	50
RAJKOT	RAJKOT	JETALSAR	0	0	0	89
RAJKOT	RAJKOT	KOTDA SANGHANI	13	15	21	33
RAJKOT	RAJKOT	MALIYA HATINA	67	63	75	154
RAJKOT	RAJKOT	MAVDI	928	1054	1319	1
RAJKOT	RAJKOT	MORVI-WML	318	331	347	81
RAJKOT	RAJKOT	SHAPAR	29	28	36	28
RAJKOT	RAJKOT	UPLETA	136	137	168	118

RAJKOT	RAJKOT	WANKANER	92	94	114	50
RAJKOT	RAJKOT	RAJKOT(OML)	0	0	0	1
RAJKOT	RAJKOT	SUPERDI	8	12	11	99
RAJKOT	RAJKOT	TANKARA	14	13	22	91
RAJKOT	RAJKOT	BAGATHALA	12	10	21	82
RAJKOT	RAJKOT	MOTA DADVA	10	14	15	76
RAJKOT	RAJKOT	MOVIYA	9	11	11	62
RAJKOT	RAJKOT	KOLITHAD	6	7	12	65
RAJKOT	RAJKOT	BHADLA	5	8	5	44

Quadro 4.3 Dados recolhidos do COI de junho a agosto

CAPÍTULO 5 - Análise dos dados

ANÁLISE DE DADOS

5.1 Análise da distribuição de viagens das diferentes empresas

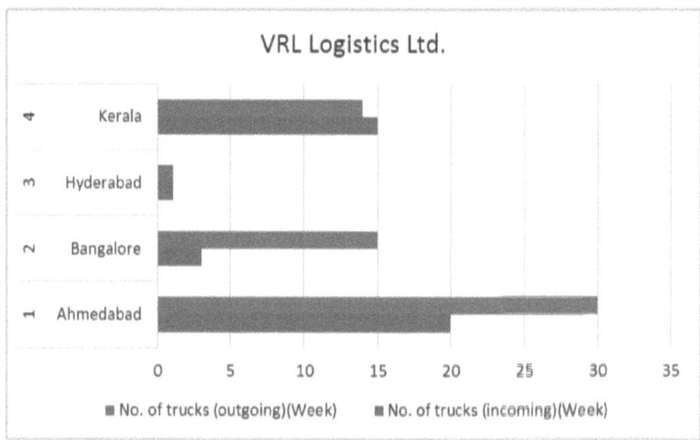

Figura 5.1 N.º de viagens de entrada vs. viagens de saída da VRL

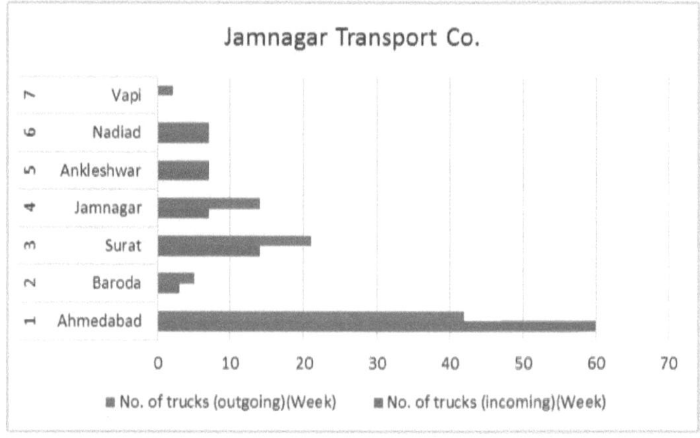

Figura 5.2 N.º de viagens de entrada e de saída no sector dos transportes de Jamnagar

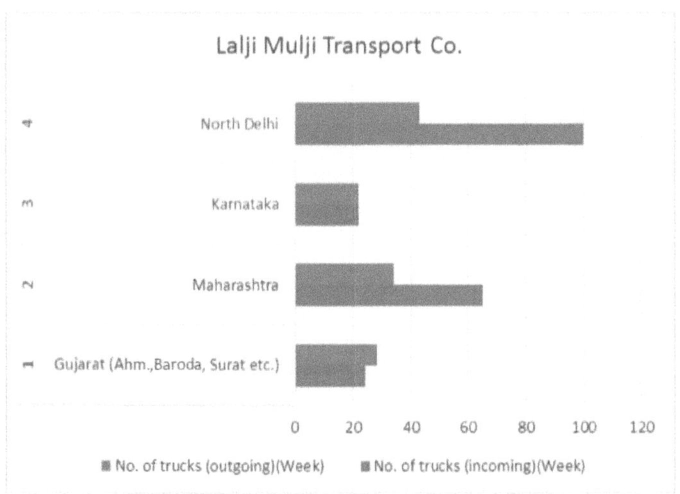

Figura 5.3 Número de viagens de entrada e de saída da Lalji Mulji Transport

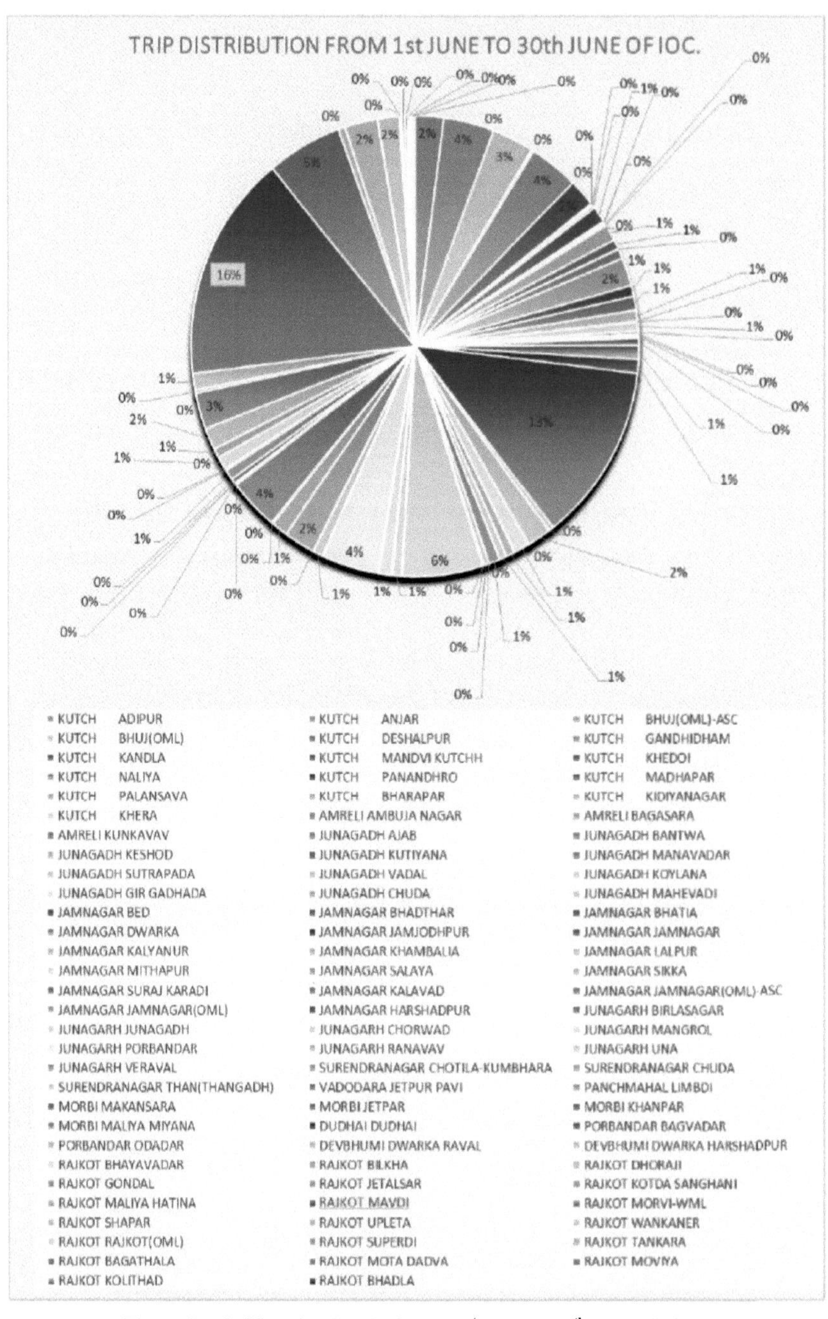

Figura 5.4 Gráfico circular do COI de 1st junho a 30th junho de 2016

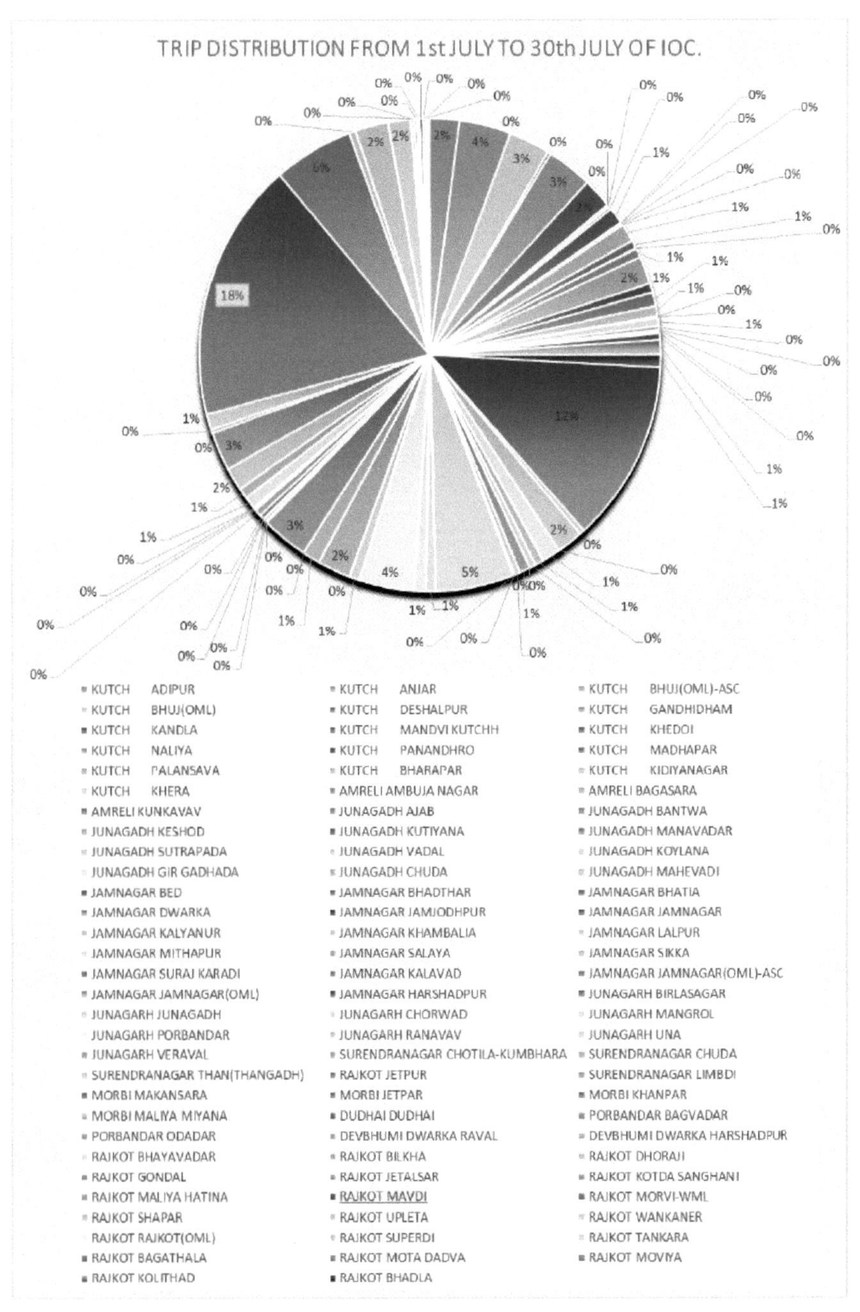

Figura 5.5 Gráfico circular do COI de 1st julho a 30th julho de 2016

33

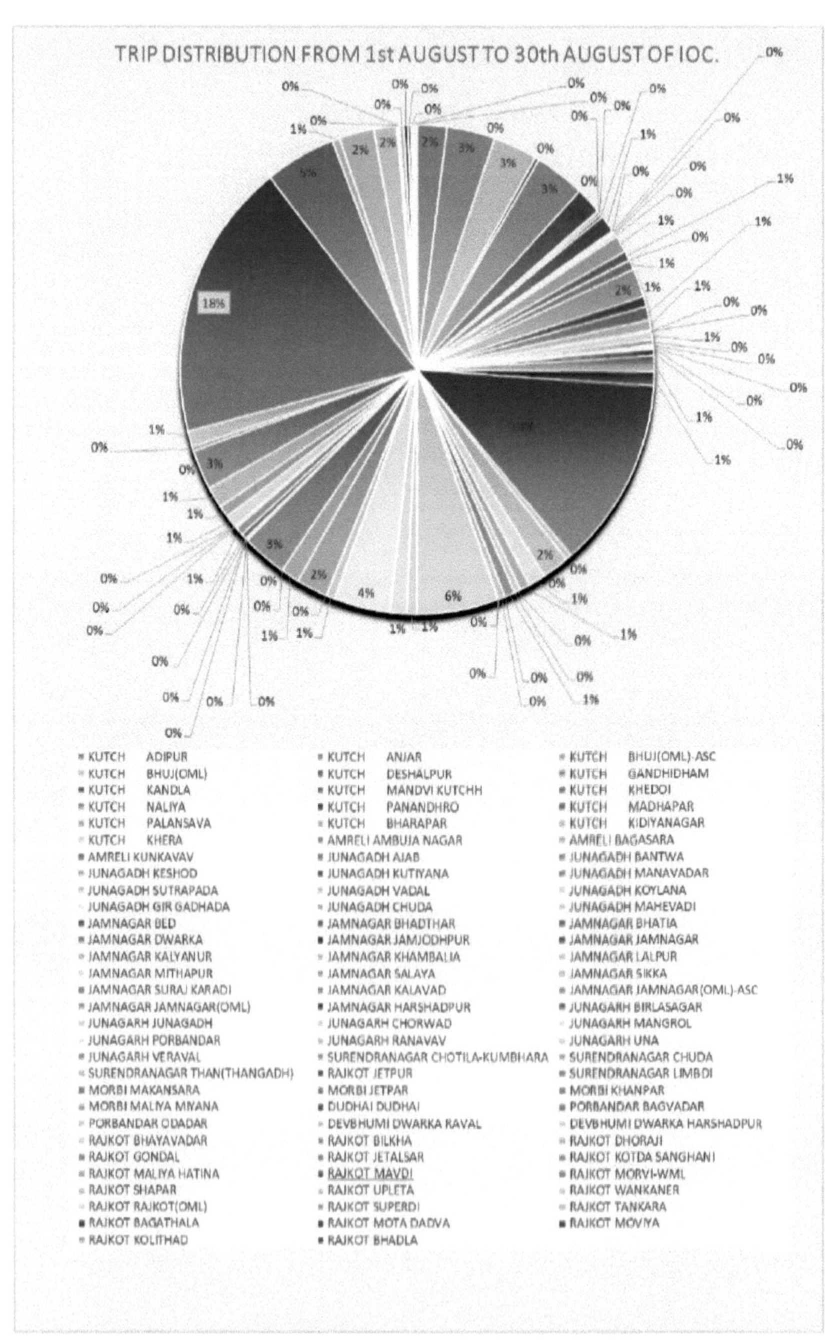

- KUTCH ADIPUR
- KUTCH ANJAR
- KUTCH BHUJ(OML)-ASC
- KUTCH BHUJ(OML)
- KUTCH DESHALPUR
- KUTCH GANDHIDHAM
- KUTCH KANDLA
- KUTCH MANDVI KUTCHH
- KUTCH KHEDOI
- KUTCH NALIYA
- KUTCH PANANDHRO
- KUTCH MADHAPAR
- KUTCH PALANSAVA
- KUTCH BHARAPAR
- KUTCH KIDIYANAGAR
- KUTCH KHERA
- AMRELI AMBUJA NAGAR
- AMRELI BAGASARA
- AMRELI KUNKAVAV
- JUNAGADH AJAB
- JUNAGADH BANTWA
- JUNAGADH KESHOD
- JUNAGADH KUTIYANA
- JUNAGADH MANAVADAR
- JUNAGADH SUTRAPADA
- JUNAGADH VADAL
- JUNAGADH KOYLANA
- JUNAGADH GIR GADHADA
- JUNAGADH CHUDA
- JUNAGADH MAHEVADI
- JAMNAGAR BED
- JAMNAGAR BHADTHAR
- JAMNAGAR BHATIA
- JAMNAGAR DWARKA
- JAMNAGAR JAMJODHPUR
- JAMNAGAR JAMNAGAR
- JAMNAGAR KALYANUR
- JAMNAGAR KHAMBALIA
- JAMNAGAR LALPUR
- JAMNAGAR MITHAPUR
- JAMNAGAR SALAYA
- JAMNAGAR SIKKA
- JAMNAGAR SURAJ KARADI
- JAMNAGAR KALAVAD
- JAMNAGAR JAMNAGAR(OML)-ASC
- JAMNAGAR JAMNAGAR(OML)
- JAMNAGAR HARSHADPUR
- JUNAGARH BIRLASAGAR
- JUNAGARH JUNAGADH
- JUNAGARH CHORWAD
- JUNAGARH MANGROL
- JUNAGARH PORBANDAR
- JUNAGARH RANAVAV
- JUNAGARH UNA
- JUNAGARH VERAVAL
- SURENDRANAGAR CHOTILA-KUMBHARA
- SURENDRANAGAR CHUDA
- SURENDRANAGAR THAN(THANGADH)
- RAJKOT JETPUR
- SURENDRANAGAR LIMBDI
- MORBI MAKANSARA
- MORBI JETPAR
- MORBI KHANPAR
- MORBI MALIYA MIYANA
- DUDHAI DUDHAI
- PORBANDAR BAGVADAR
- PORBANDAR ODADAR
- DEVBHUMI DWARKA RAVAL
- DEVBHUMI DWARKA HARSHADPUR
- RAJKOT BHAYAVADAR
- RAJKOT BILKHA
- RAJKOT DHORAJI
- RAJKOT GONDAL
- RAJKOT JETALSAR
- RAJKOT KOTDA SANGHANI
- RAJKOT MALIYA HATINA
- RAJKOT MAVDI
- RAJKOT MORVI-WML
- RAJKOT SHAPAR
- RAJKOT UPLETA
- RAJKOT WANKANER
- RAJKOT RAJKOT(OML)
- RAJKOT SUPERDI
- RAJKOT TANKARA
- RAJKOT BAGATHALA
- RAJKOT MOTA DADVA
- RAJKOT MOVIYA
- RAJKOT KOLITHAD
- RAJKOT BHADLA

Figura 5.6 Gráfico circular do COI de 1ˢᵗ agosto a 30ᵗʰ agosto de 2016

5.2 ANÁLISE DOS DADOS NUMA BASE DIÁRIA E MENSAL

$$Hourly\ Trips = \frac{No.\ of\ daily\ trips}{No.\ of\ working\ hours\ (per\ day)}$$

$$Hourly\ Trips = \frac{No.\ of\ weekly\ trips}{No.\ of\ working\ hours\ (per\ week)}$$

$$Hourly\ Trips = \frac{No.\ of\ monthly\ trips}{No.\ of\ working\ hours\ (per\ month)}$$

Referência: Planeamento de transportes e engenharia de tráfego pelo Dr. L.R.Kadiyali.

- Lalji Mulji Transport Co.

Sr.No.	Nome do Estado	N.º de camiões (entrada)	N.º de camiões (saída)
1.	Gujarat (Ahm. Baroda, Surat, etc.)	8(D)	4(D)
2.	Maharashtra	10(D)	5(D)
3.	Karnataka	3(D)	3(D)
4.	Deli do Norte	15(D)	6(D)

Quadro 5.1 Dados recolhidos numa base diária da Lalji Mulji Transport Ltd.

$$Hourly\ Trips = \frac{54}{12}$$
$$= 5\ \text{veículos/hora}$$

Sr.No.	Nome do Estado	N.º de camiões (entrada)	N.º de camiões (saída)
1.	Gujarat (Ahm., Baroda, Surat, etc.)	30(W)	25(W)
2.	Maharashtra	65 (W)	30(W)
3.	Karnataka	20(W)	18(W)
4.	Deli do Norte	50(W)	32(W)

Quadro 5.2 Dados recolhidos semanalmente pela Lalji Mulji Transport Ltd.

$$Hourly\ Trips\ =\ \frac{270}{72}$$

= 4 veículos/hora

- VRL Logistics Ltd.

Sr.No.	Nome da cidade	N.º de camiões (entrada)	N.º de camiões (saída)
1.	Ahmedabad	2(D)	3(D)
2.	Bangalore	-	1(D)
3.	Hyderabad	-	-
4.	Kerala	2(D)	1(D)

Quadro 5.3 Dados recolhidos diariamente pela VRL Logistics Ltd.

$$Hourly\ Trips\ =\ \frac{9}{12}$$

≈ 1 veículo/hora

Sr.No.	Nome da cidade	N.º de camiões (entrada)	N.º de camiões (saída)
1.	Ahmedabad	12(W)	20(W)
2.	Bangalore	2 (W)	7(W)
3.	Hyderabad	2(W)	-
4.	Kerala	13(W)	8(W)

Quadro 5.4 Dados recolhidos semanalmente pela VRL Logistics Ltd.

$$Hourly\ Trips\ =\ \frac{64}{72}$$

≈ 1 veículo/hora

- Jamnagar Transport Co.

Sr.No.	Nome da cidade	N.º de camiões (entrada)	N.º de camiões (saída)
1.	Ahmedabad	9(D)	6(D)

2.	ßaroda	1(D)	2(D)
3.	Surat	2(D)	3(D)
4.	Jamnagar	2(D)	2(D)
5.	Ankleshwar	1(D)	1(D)
6.	Nadiad	1(D)	1(D)
7.	Vapi	-	1(D)

Quadro 5.5 Dados recolhidos diariamente pela Jamnagar Transport Co.

$$Hourly\,Trips = \frac{32}{12}$$

≈ 3 veículos/hora

Sr.No.	Nome da cidade	N.º de camiões (entrada)	N.º de camiões (saída)
1.	Ahmedabad	60 (W)	40 (W)
2.	Baroda	7(W)	15(W)
3.	Surat	14 (W)	20(W)
4.	Jamnagar	12 (W)	14(W)
5.	Ankleshwar	6(W)	7(W)
6.	Nadiad	8(W)	5(W)
7.	Vapi	-	6(W)

Quadro 5.6 Dados recolhidos semanalmente pela Jamnagar Transport Co.

$$Weekly\,Trips = \frac{214}{72}$$

≈ 3 veículos/hora

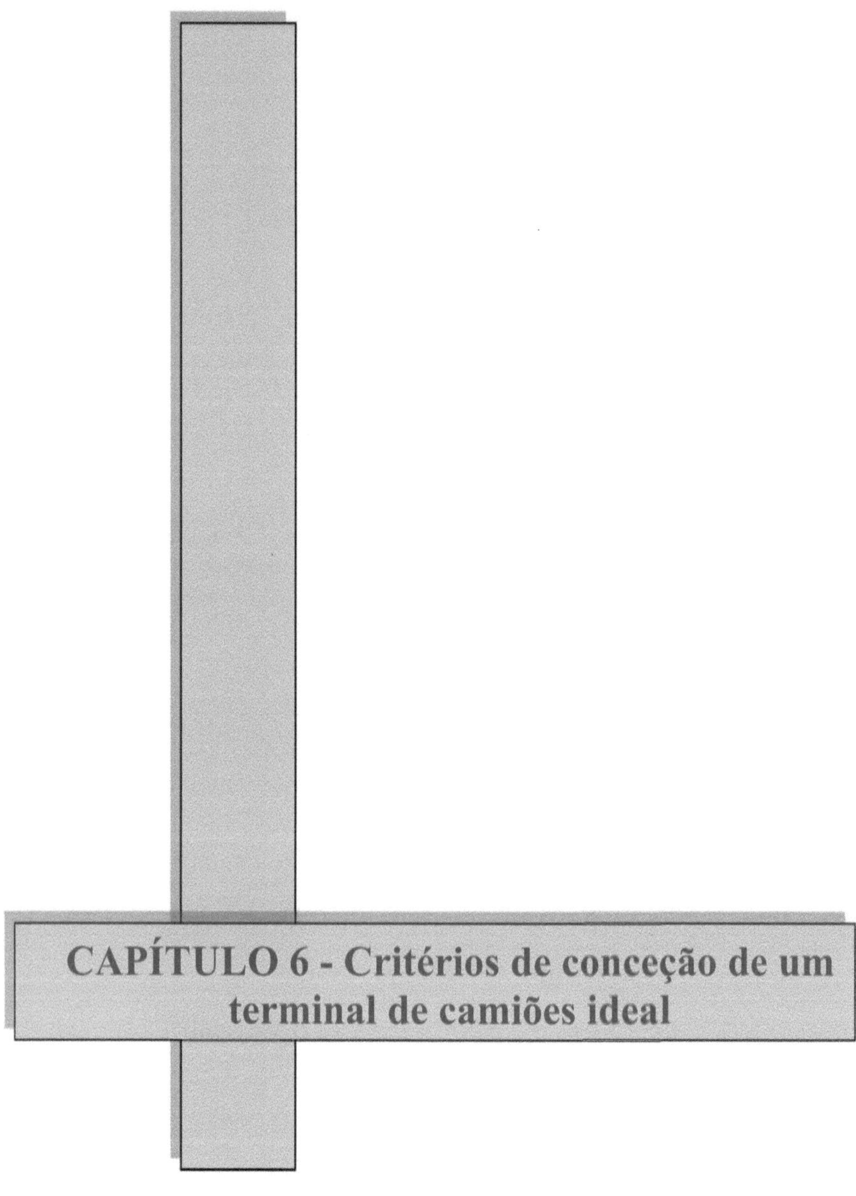

CAPÍTULO 6 - Critérios de conceção de um terminal de camiões ideal

6 .1 Critérios de conceção para o terminal de camiões:

Idle parking space	Each truck will generally require about 80Sq ft of idle parking area. The parking area should be well marked and numbered for better idle park management.
Dormitory	About 125 Sq. ft. per bed(including land required for other facilities that should be provided within the dormitory)
Sanitary Facility	Toilets, bathrooms, washing and drinking water
Transport Operators Office	Creating a hub of transport operators within the truck terminal compound encourages consolidation. Also the building must be created uniformly by the truck terminal so that there is efficient usage of space and for enabling better management of the terminal
Cross Docking/ Bulk Breaking Yard	The space requirement for this yard can be calculated based on the methodology described in the section on determination of the capacity of truck terminal.
Restaurant and Retail shop	To serve clean and hygienic food and provide basic articles of general use.
Medical Facility	A health care facility to care for general health of the truckers as well as to create awareness about diseases such as viral infection, dengue etc that the truck drivers are more prone to.
Banking Facility	To help the transport operators to carry out financial operations within the truck terminal.
Office for the maintenance staff	Personnel involved in idle parking management and other activities related to maintenance of the terminal.
Weigh Bridge	Provide if necessary.
Service Station	To provide satisfactory service to commercial vehicles.
Fuel Pump	Provide if necessary.
Post Boxes & public telephone booths	Provide if necessary.

Quadro 6.1 Critérios de conceção para um terminal de camião ideal

6.2 Comparação entre a Transportnagar e o planeamento do terminal proposto

Transport nagar (RAJKOT)	Planeamento do terminal proposto
- Não existe um espaço de estacionamento-	Haverá um espaço de

ideal para camiões, por exemplo, 60-65 pés quadrados	estacionamento ideal para camiões, por exemplo, 80 pés quadrados
- Os camiões não permanecem no terminal durante muito tempo.	- Os camiões permanecerão no terminal durante um longo período.
- Não estão disponíveis serviços de assistência e manutenção.	- Estarão disponíveis serviços e instalações de manutenção de qualidade.
- Não há dormitórios disponíveis.	- O dormitório está disponível no local.
- O problema do tráfego também se deve a um planeamento inadequado.	- O problema do tráfego será resolvido com esta conceção do terminal.

Elevation of transport nagar (RAJKOT)

Fig. 6.2.3

Improper arrangement of trucks at Terminal (Rajkot)

Fig. 6.2.4

Images of transport nagar (RAJKOT CITY)
Source: Captured during survey

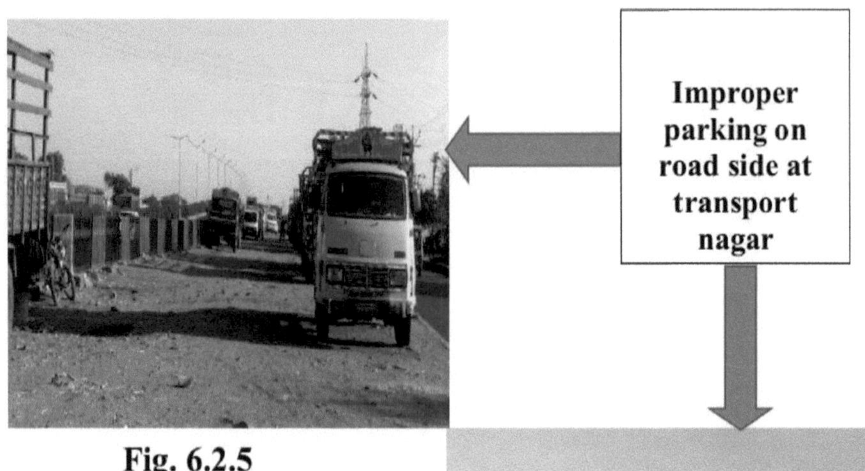

Fig. 6.2.5

Fig. 6.2.6

Images of transport nagar (RAJKOT CITY)
Source: Captured during survey

6.3 FORMULÁRIO DE QUESTIONÁRIO PARA VIAGENS DE CAMIÃO

Truck Travel Questionnaire

Survey Location: **Date:** __ / __ / __

Surveyor ID: [ ]   **Time:** [ ][ ][ ][ ]

1. Single Units 3-Axle	2. Single Units 4- or more Axles	3. Single Trailers 3-Axles	4. Single Trailers 4-Axles
		2S1	2S2 / 3S1

5. Single Trailers 5-Axles	6. Single Trailers 6- or more Axles	7. Multi-Trailers 5- or less Axles	8. Multi-Trailers 6-Axles
3S2 / 2S3	3S3 / 3S4	2S1-2	2S2-2 / 3S1-2

9. Multi-Trailers 7- or more Axles

3S2-2

Q2. Information on driver's door/ Company's employee:

Company Name: _______________________________

City, State: _______________________________

____

Telephone Number: _______________________________

Q3. Ownership truck:

Private ☐

Company ☐

Government ☐

Q4. What type of cargo do you carry? If more than one type, select type that make up largest percentage of shipment weight.

Agriculture ☐	Food ☐	Building Materials ☐
Raw Material ☐	Wood ☐	Chemicals/Petroleum ☐
Textile ☐	Machinery ☐	Refused ☐

Quadro 6.2(a) Formulário do questionário sobre viagens de camião, página 1

Truck Travel Questionnaire

Q5. Total weight or volume of all cargo on board.

- ☐ Kilos
- ☐ Tones
- ☐ Gallons
- ☐ Empty
- ☐ Refused
- ☐ Don't know

Q6. Total value of all cargo on board.

₹.

☐ Refused

Q7. Where did you pick the cargo up?

City, State:

If in Rajkot,
Address (if possible):

☐ Refused

Q8. Where will you deliver this cargo to?

City, State:
Address (if possible):

☐ Refused

Q9. For driver trips only:
Parking:
- o On street (Free)
- o On street (meter)
- o Public off street (Free)
- o Public off street (Paid)
- o To servicing
- O Did not park

Quadro 6.2(b) Formulário do questionário sobre viagens de camião página 2

6.4 Normas desejáveis para determinar a dimensão do

terminal de camiões

Componentes	Área por porta
Área da doca	480 pés quadrados.
Espaço de escritório	200
Oficina de manutenção	60
Espaço de manobra na doca	1200
Estacionamento de camiões	1200
Estacionamento para empregados	200
Paisagismo, zonas de proteção, etc.	160
Área total por porta	3500 pés quadrados.

Quadro 6.3 Área dos diferentes componentes para determinar a dimensão do terminal de camiões

Fig.6.2.7 Imagem de satélite de Transport Nagar

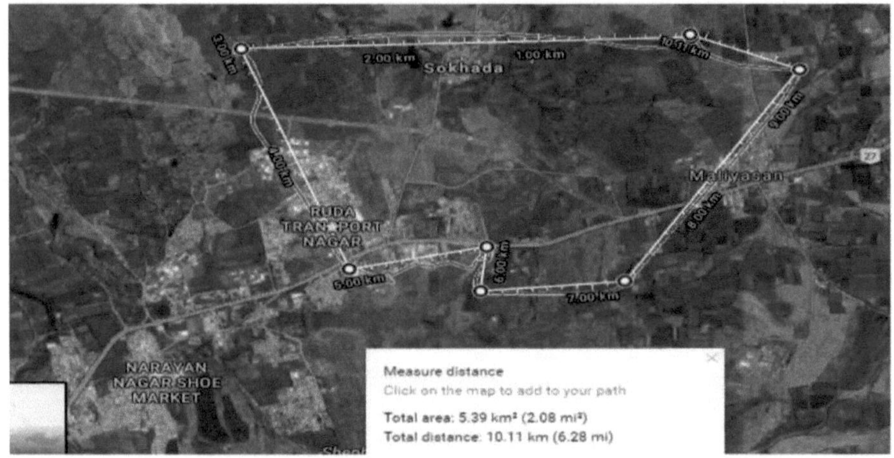

Fig.6.2.8 Imagem de satélite da área de estudo proposta

Fonte: Google Maps

CAPÍTULO 7. REALIZAÇÕES

O nosso manuscrito acaba de ser publicado na <u>MAT JOURNALS</u> no Journal of Transportation System sob a orientação do <u>Prof. Yogesh K. Alwani.</u>

A imagem da <u>página de rosto do nosso manuscrito</u> e <u>as imagens dos nossos certificados</u> são apresentadas abaixo:

MAT Journals

Certificate Of Publication

This is to certify that the manuscript entitled   Trip Distribution of Commercial Vehicle: -A Case Study For RAJKOT CITY

____ submitted

by Prof.Yogesh K. Alwani   has been published in   Journal of Transportation Systems

Volume   2   Issue   1   Year   2017

Date 15-Apr-2017

Editor in Chief

MAT
JOURNALS

MAT Journals

Certificate Of Publication

This is to certify that the manuscript entitled   Trip Distribution of Commercial Vehicle: -A Case Study For RAJKOT CITY
____ submitted

by Sahil S. Mehta _________________ has been published in   Journal of Transportation Systems _______________

Volume ___2___ Issue ___1___ Year ____2017____

Date 15-Apr-2017 ____

Editor in Chief

MAT
JOURNALS

MAT Journals

Certificate Of Publication

This is to certify that the manuscript entitled   Trip Distribution of Commercial Vehicle: -A Case Study For RAJKOT CITY
____ submitted

by Vivek S. Savaliya _________________ has been published in   Journal of Transportation Systems _______________

Volume ___2___ Issue ___1___ Year ____2017____

Date 15-Apr-2017 ____

Editor in Chief

MAT
JOURNALS

MAT Journals

Certificate Of Publication

This is to certify that the manuscript entitled   Trip Distribution of Commercial Vehicle: -A Case Study For RAJKOT CITY
____ submitted

by Montu B. Detroja____________ has been published in   Journal of Transportation Systems

Volume ___2___ Issue ___1___ Year ____2017____

Date 15-Apr-2017____

Editor in Chief

MAT
JOURNALS

MAT Journals

Certificate Of Publication

This is to certify that the manuscript entitled   Trip Distribution of Commercial Vehicle: -A Case Study For RAJKOT CITY
____ submitted

by Meet D. Pansuria____________ has been published in   Journal of Transportation Systems

Volume ___2___ Issue ___1___ Year ____2017____

Date 15-Apr-2017____

Editor in Chief

MAT
JOURNALS

Journal of Transportation System
Volume 2 Issue 1

Trip Distribution of Commercial Vehicle: -A Case Study For RAJKOT CITY

Sahil S. Mehta, Meet D. Pansuria, Vivek S. Savaliya, Montu B. Detroja, Prof.Yogesh K. Alwani
By Under graduate students at MEFGI

Abstract

Urban transportation planning is a process which consists of Trip generation, Trip distribution, Mode choice, Route assignment. Trip generation is the first stage in the convectional four-step transportation forecasting process. Trip distribution is derived from trip generation data. Trip distribution is the second stage in the traditional four-step transportation forecasting model. Different methods were adopted or utilized in collection of trip distribution data in past. In this project, by adoption of different types of surveys for commercial vehicles was carried out for trip distribution for Rajkot city. The reason behind choosing the Rajkot city is due to it's place in 22nd world's fastest growing city & 28th urban agglomeration in India.

Keywords: *adoption, developed, emphasis, transport*

INTRODUCTION

Transportation involves a high place in present day life. Enhancement in all circles of life has been to a vast degree impact by transportation. Transport planning is a science that deals with the problems that emerge in providing transportation facilities in an urban, territorial, or national setting and to set up an orderly reason for arranging such facilities. Since the developed countries where this science has evolved are mainly urban-oriented the emphasis is more on urban transport planning. However, the principles of urban transport planning can be applied to regional or national transport planning as well with due changes wherever called for. Though motor vehicles have revolutionized our life and brought comfort, pleasure and convenience, they have created problems of congestion, lack of safety and degeneration of the environment. The situation has already become unmanageable in many towns and cities. To understand the nature of these problems and formulate proposals for the safe and efficient movement of goods & people from one place to another is the subject of transport planning.

There are four various stages of transport planning model:

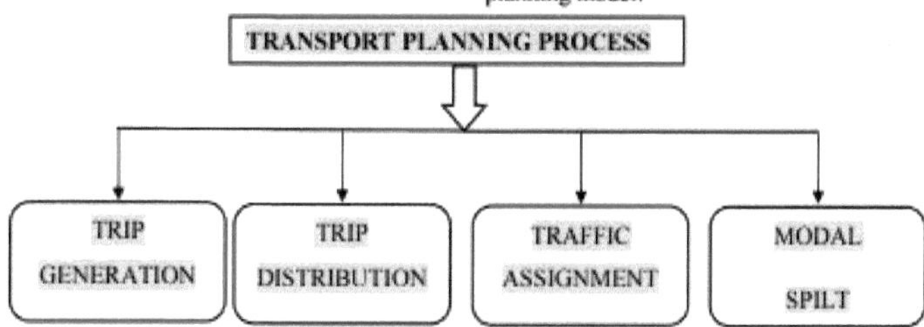

fig. 7.1 Folha de rosto do manuscrito (volume 2, número 1)

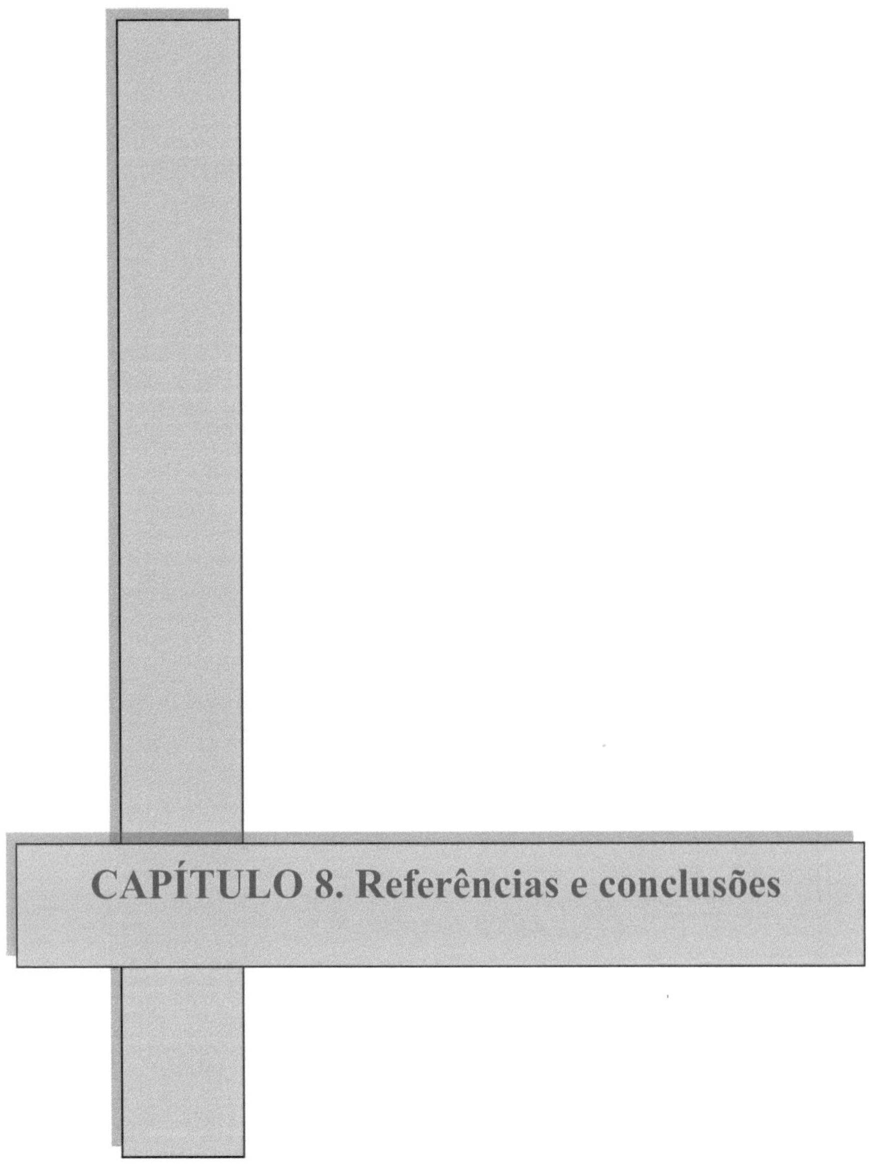

CAPÍTULO 8. Referências e conclusões

- Conclusão

A zona de terminais de camiões, localizada em relação ao futuro plano de desenvolvimento da comunidade, é a solução mais prática para a localização de terminais de camiões. A zona servirá mais eficazmente as necessidades da indústria de camionagem e resultará num mínimo de problemas de utilização do solo e de tráfego criados pela operação de camionagem. As zonas de terminais designadas, indicadas no plano de utilização futura do solo, assegurarão à comunidade e à indústria de camionagem a localização adequada dos terminais de camionagem. Além disso, as grandes áreas metropolitanas, especialmente os principais centros de distribuição, podem ter zonas de terminais planeadas, desenvolvidas da mesma forma que as zonas industriais planeadas. A maioria das comunidades pode controlar eficazmente a operação de transporte de camiões, permitindo terminais de camiões e instalações relacionadas num distrito industrial ou de produção da portaria de zonamento com requisitos especiais pertinentes para a operação de transporte de camiões.

A conclusão deste estudo de caso é que a cidade de Rajkot precisa de um novo terminal de camiões, uma vez que a disposição do antigo terminal não é suficientemente boa e que, após a conceção deste terminal, também é possível encontrar uma solução viável para melhorar o problema do estacionamento e o congestionamento do tráfego.

REFERÊNCIAS:

• Reestruturação da infraestrutura dos terminais de camiões em KARNATAKA. (http//indiatransportportportportal.comtruck-terminals-13665)

• Prof. Yogesh K. Alwani e alunos de graduação doMEFGI : Sahil S, Mehta, Meet D. Pansuria, Montu B. Detroja, Vivek S. Savaliya - "Distribuição de viagens de veículos comerciais: um estudo de caso para a cidade de Rajkot. "MAT JOURNALS OF RESEARCH in Journal ofTransportation System : (volume 2 issuel)

• Relatório de síntese 384 do NCHRP.

• Métodos de recolha de dados sobre viagens de camião (SPR 343)

• Análise estratégica do transporte de mercadorias (SFTA)

• Dados sobre a geração de viagens de camião: A synthesis ofhighway practice NCHRP synthesis 298

• Inquéritos sobre viagens de camião: Uma revisão da literatura e do estado da arte

LIVROS

- ENGENHARIA DE TRÁFEGO e PLANEAMENTO DE TRANSPORTES pelo Dr. L.R.Kadiyali

SÍTIO WEB

www.google.co.in

https://www.wikipedia.org/

www.blogspot.com

CAPÍTULO 9. GALERIA DE FOTOS

Apêndice A - Modelo de negócio

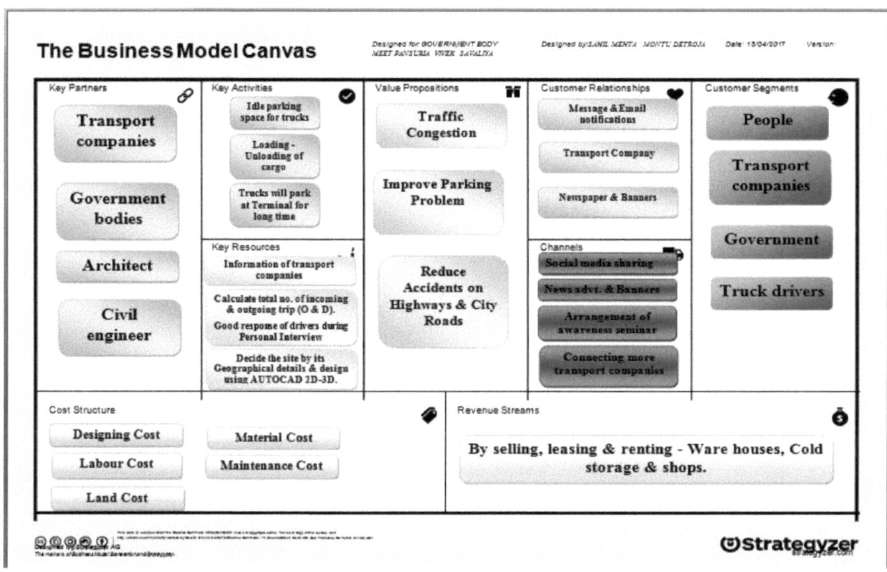

Apêndice B - Relatórios periódicos de progresso

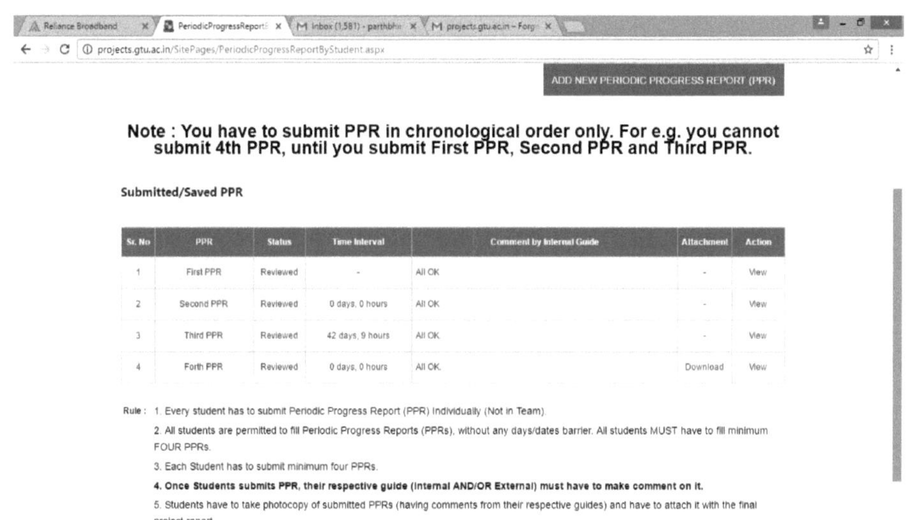

Anexo C - Relatório de plágio

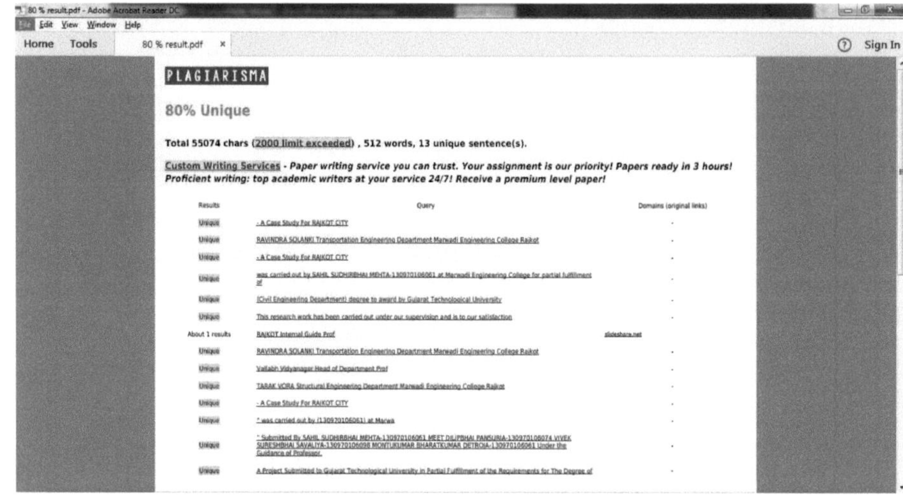

PLAGIARISMA

80% Unique

Total 55074 chars (2000 limit exceeded) , 512 words, 13 unique sentence(s).

Custom Writing Services - Paper writing service you can trust. Your assignment is our priority! Papers ready in 3 hours! Proficient writing: top academic writers at your service 24/7! Receive a premium level paper!

Results	Query	Domains (original links)
Unique	- A Case Study For RAJKOT CITY	.
Unique	RAVINDRA SOLANKI Transportation Engineering Department Marwadi Engineering College Rajkot	.
Unique	- A Case Study For RAJKOT CITY	.
Unique	was carried out by SAHIL SUDHIRBHAI MEHTA-130970106061 at Marwadi Engineering College for partial fulfilment of	.
Unique	(Civil Engineering Department) degree to award by Gujarat Technological University	.
Unique	This research work has been carried out under our supervision and is to our satisfaction	.
About 1 results	RAJKOT Internal Guide Prof	slideshare.net
Unique	RAVINDRA SOLANKI Transportation Engineering Department Marwadi Engineering College Rajkot	.
Unique	Vallabh Vidyanagar Head of Department Prof	.
Unique	TARAK VORA Structural Engineering Department Marwadi Engineering College Rajkot	.
Unique	- A Case Study For RAJKOT CITY	.
Unique	" was carried out by (130970106061) at Marwa	.
Unique	" Submitted By SAHIL SUDHIRBHAI MEHTA-130970106061 MEET DILIPBHAI PANSURIA-130970106074 VIVEK SURESHBHAI SAVALIYA-130970106098 MONTUKUMAR BHARATKUMAR DETROJA-130970106061 Under the Guidance of Professor.	.
Unique	A Project Submitted to Gujarat Technological University in Partial Fulfillment of the Requirements for The Degree of	.

Printed by Books on Demand GmbH, Norderstedt / Germany